科学のアルバム

コケの世界

伊沢正名

あかね書房

もくじ

監修●井上 浩
写真提供●井上 浩
イラスト●森上義孝
渡辺洋二
林 四郎
装丁●画工舎

科学のアルバム
コケの世界

伊沢正名（いざわ　まさな）

一九五〇年、茨城《いばらき》県に生まれる。
高校を中退後《ちゅうたいご》、山登《やまのぼ》りや自然保護《しぜんほご》運動に没頭《ぼっとう》。
そのころから花や昆虫《こんちゅう》、鳥などの写真を撮《と》りはじめる。
その後、キノコやコケ、変形菌《へんけいきん》、カビなどの日陰者《ひかげもの》に
光をあてようと、写真活動をつづけている。
著書《ちょしょ》に「キノコの世界」（あかね書房）、
「山渓フィールドブックス・しだ・こけ」（山と渓谷社・共著）、
「日本の野生植物・コケ」「日本変形菌類図鑑《ずかん》」（共に平凡社・共著）などがある。

ふだんみすごされている小《ちい》さな植物《しょくぶつ》コケも、雨《あめ》にぬれ、葉《は》をひろげると、いきいきした姿《すがた》でわたしたちの目《め》にとびこんできます。
虫《むし》めがねをもって、コケの世界《せかい》をさぐってみましょう。

●青《あお》あおした葉《は》をひろげるカモジゴケと、小《ちい》さなふくろをもたげるヤマトマイマイゴケ

早春《そうしゅん》の野山《のやま》で

草木《くさき》が、まだねむりからさめない早春《そうしゅん》の野《の》山《やま》を歩《ある》いてみましょう。冬《ふゆ》がれの茶色《ちゃいろ》い世界《せかい》にも、きっとコケの緑《みどり》がみつかるはずです。緑《みどり》をみつけたら、近《ちか》づいてごらん。もう、新《あたら》しい芽《め》をだしているコケもあります。

←かれ木《き》やたおれた木《き》の上《うえ》に，**ヒメカモジゴケ**や**イトハイゴケ**がはえています。

↓まだ朝晩《あさばん》はきびしく冷《ひ》えこみます。でも，**タマゴケ**はあたたかい朝日《あさひ》をあびると，元気《げんき》に背《せ》のびをはじめます。

↑春《はる》の野原《のはら》に，いっせいにのびてきた**ヒョウタンゴケ**。

コケの春《はる》

コケの春《はる》は、ほかの草木《くさき》よりもひと足《あし》はやくやってきます。

ところが、その小《ちい》さくてめだたない体《からだ》のせいでしょうか、気《き》づく人《ひと》は少《すく》ないようです。みんなが気《き》づくころには、冬《ふゆ》がれの地面《じめん》のあちこちが、緑色《みどりいろ》のじゅうたんをしきつめたようにコケでおおわれています。

春《はる》になると、コケには花《はな》がさきます。でもよくみると、ほかの草木《くさき》とはちょっとようすがちがいます。

↑大《おお》きなわらぶき屋根《やね》も，**ウマスギゴケ**にすっぽりおおわれてしまいました。

➡ **ケチョウチンゴケ**のおすの花《はな》。花《はな》のようにみえる部分《ぶぶん》が、葉《は》の変化《へんか》したものだとわかります。

⬅ **コメバキヌゴケ**のめすの花《はな》。やがて先《さき》がふくらんできます。

コケの花《はな》

植物《しょくぶつ》の体《からだ》で、葉《は》や茎《くき》とはちがい、子孫《しそん》をふやす特別《とくべつ》な部分《ぶぶん》が花《はな》です。でも、コケの花《はな》には、おしべ、めしべもなければ花《はな》びらもありません。花《はな》びらのようにみえるのは、葉《は》の変《へん》化《か》したものです。

コケの花《はな》には、おすの花《はな》とめすの花《はな》があります。一つの株《かぶ》に両方《りょうほう》さくコケもあれば、おすの花《はな》だけさく株《かぶ》と、めすの花《はな》だけさく株《かぶ》とに、わかれているコケもあります。

➡サワゴケのおすの花《はな》。

⬇さらの形《かたち》をしたフタバネゼニゴケのおすの花《はな》。

←えの先《さき》に、まんまるい実《み》をつけた**サワゴケ**。

コケの実《み》

ふつうの草木《くさき》は、花《はな》がさいたあと実《み》をむすび、その中《なか》にはたねができます。しかし、コケには、たねができません。

そのかわり、コケの花《はな》には、やがて胞子《ほうし》のいっぱいつまった実《み》ができます。

コケの実《み》には、ぼうしをかぶったり、ふたのついているものがあります。ぼうしは、コケの実《み》がまだ若《わか》いうちに、きずがついたりしないように、まもるやくめをしています。

すきとおったガラス棒《ぼう》のようなえの先《さき》に、まるい実《み》をつけるコケもあります。この実《み》がわれると、中《なか》から綿《わた》のようなものといっしょに、胞子《ほうし》がいっぱいでてきます。

⬆いちめんに**ハネヒツジゴケ**の実《み》が群《ぐん》生《せい》しています。まるで花《はな》がさいたようなはなやかさです。

➡すきとおったガラス棒《ぼう》のようなえをもった**オオホウキゴケ**。

⬇**タチヒダゴケ**の実《み》はひらくと，ふつうの花《はな》とそっくりな形《かたち》です。

コスギゴケの蒴《さく》。まん中《なか》は、ぼうしをとったところ。

コスギゴケの葉《は》。

コケの茎《くき》はほそくてもじょうぶです。

綿《わた》がからまったような**コスギゴケ**の仮根《かこん》。

コケの体《からだ》のしくみ

コスギゴケの体《からだ》は、茎《くき》と葉《は》が区《く》別《べつ》できます。ただし、茎《くき》には水《みず》や養分《ようぶん》をはこぶ管《くだ》がありません。

ゼニゴケの体《からだ》はうすい葉《は》のような形《かたち》をしています。表面《ひょうめん》には、気《き》室孔《しっこう》といって、体《からだ》の中《なか》と外《そと》との空《くう》気《き》の出入口《でいりぐち》があります。しかし、とじたりひらいたりはしません。

コケの根《ね》は仮根《かこん》といいます。ふつうの草木《くさき》とちがって、水分《すいぶん》や養《よう》分《ぶん》をすいあげるはたらきは、ほとんどありません。大地《だいち》にしっかりしがみつくやくめをします。

↓**ゼニゴケ**の表面《ひょうめん》には空気《くうき》や水《みず》の出入《でい》りする気室孔《きしつこう》というあながあいています。

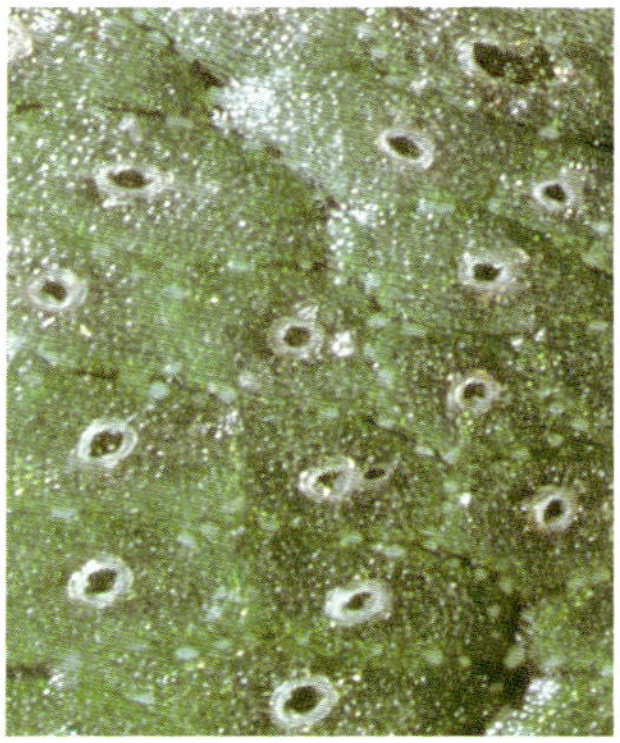

↑**ゼニゴケ**のめすの花《はな》のえの断面《だんめん》。精子《せいし》のとおるみぞがあります。

↑**ゼニゴケ**の蒴《さく》。めすの花《はな》の裏側《うらかわ》にできます。

↑**ゼニゴケ**の仮根《かこん》。

コスギゴケには、めすの株《かぶ》とおすの株《かぶ》があります。めす株《かぶ》のてっぺんからは、ほそ長《なが》いえがのび、その先《さき》に小《ちい》さなふくろができます。

これは、子《し》孫《そん》をふやすための胞《ほう》子《し》をつくる部分《ぶぶん》で、蒴《さく》といいます。つまり蒴《さく》は、コケの実《み》なのです。

ゼニゴケのめすの花《はな》のえには、二本《ほん》のほそいみぞがあります。雨《あめ》でぬれると、毛《もう》細《さい》管《かん》現《げん》象《しょう》で水《みず》が管《くだ》の上《うえ》へのぼっていきます。この流《なが》れを利《り》用《よう》して、おすの花《はな》からおよぎだした精《せい》子《し》は、めすの花《はな》のたまごに、たやすくたどりつけます。

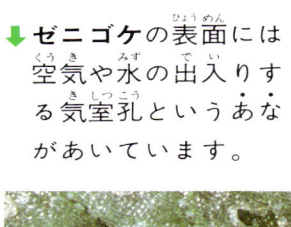

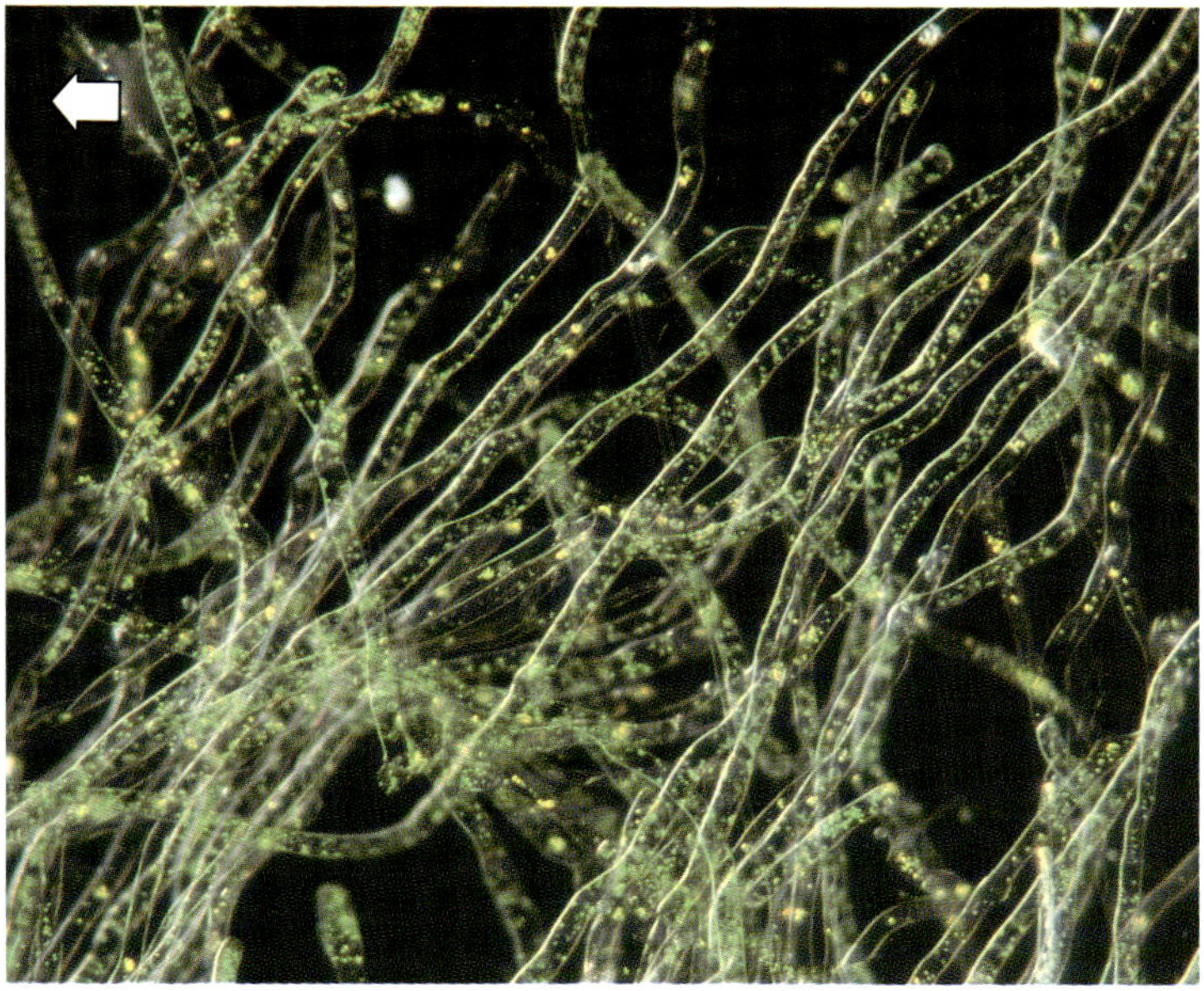

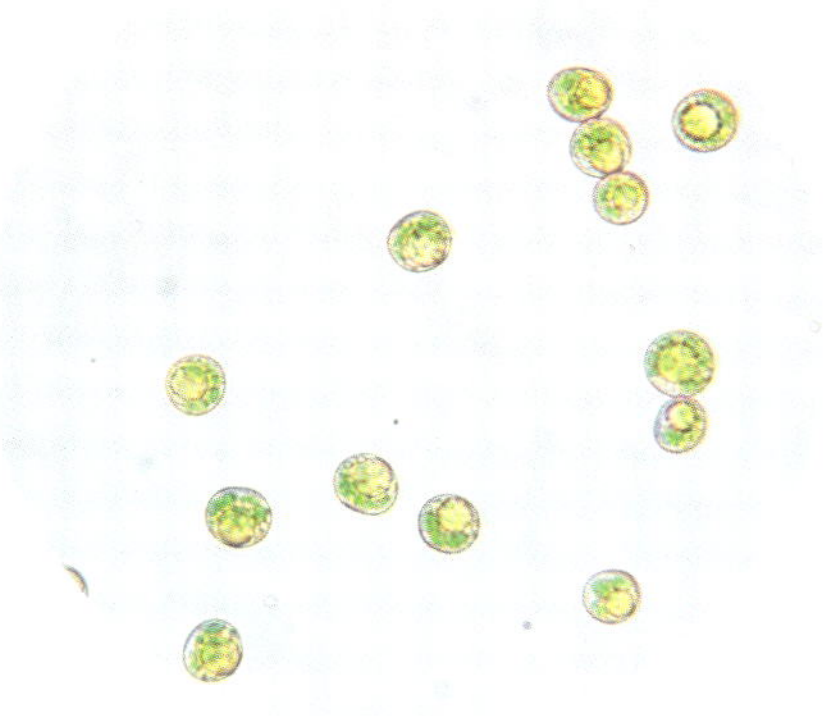

↑コスギゴケの胞子《ほうし》。

←コスギゴケの糸《いと》のような原糸体《げんしたい》。

コスギゴケの一生《いっしょう》

ふつうの花《はな》をさかせる植物《しょくぶつ》は、たねでふえます。ところが、コケは胞子《ほうし》でふえます。

地面《じめん》におちた胞子《ほうし》は、適度《てきど》な温度《おんど》と水分《すいぶん》があると芽《め》をだし、糸状《いとじょう》の原糸体《げんしたい》になります。

原糸体《げんしたい》は、水《みず》と二酸化炭素《にさんかたんそ》と太陽《たいよう》の光《ひかり》をとりいれ、光合成《こうごうせい》という栄養分《えいようぶん》づくりをしながら成長《せいちょう》して、地面《じめん》をおおいます。

やがて原糸体《げんしたい》には小《ちい》さな芽《め》ができ、これがのびて、ふだんみられるコケの姿《すがた》になります。

ところで、コケの胞子《ほうし》には、おすになるものとめすになるものとがあります。コスギゴケでは、それぞれ別《べつ》べつに成長《せいちょう》するため、できる体《からだ》もおす株《かぶ》とめす株《かぶ》にわかれています。

↑原《げん》糸《し》体《たい》の上《うえ》にできたコケの芽《め》。大《おお》きさは約《やく》1㎜。

←地面《じめん》にいちめんにひろがった原《げん》糸体《したい》のあちこちからでた，**コスギゴケ**の小《ちい》さな芽《め》。

↓一人前《いちにんまえ》に成長《せいちょう》した**コスギゴケ**。

⬆雄花《おばな》のまわりの葉《は》をとると，中《なか》には精子《せいし》をつくる緑色《みどりいろ》のバナナ型《がた》をした造精器《ぞうせいき》がならんでいます。

➡**コスギゴケ**の雄花《おばな》。

さらにコケが成長《せいちょう》すると、花《はな》がさきます。おす株《かぶ》の先《さき》には雄花《おばな》（おすの花《はな》）が、めす株《かぶ》の先《さき》には雌花《めばな》（めすの花《はな》）がさきます。雄花《おばな》では精子《せいし》がつくられ、雨《あめ》がふったときに水中《すいちゅう》をおよいで、雌花《めばな》のたまごまでたどりつきます。こうして受精《じゅせい》しためすの株《かぶ》からは、胞子体《ほうしたい》がのびはじめ、やがて蒴《さく》をつけます。若《わか》い胞子体《ほうしたい》は、葉《は》や茎《くき》から栄養《えいよう》をもらいません。自分《じぶん》で光合成《こうごうせい》をして成長《せいちょう》するのです。

綿毛《わたげ》のようなぼうしをかぶっていた蒴《さく》も、熟《じゅく》して胞子《ほうし》が完成《かんせい》すると、ぼうしをぬぎすてます。風《かぜ》がふいたり、動物《どうぶつ》がさわったりして蒴《さく》がゆれると、胞子《ほうし》はこぼれおちます。こうして、コケは子孫《しそん》をふやしていきます。

受精《じゅせい》した雌花《めばな》。

若《わか》い胞子体《ほうしたい》。まだぼうしをかぶっています。

熟《じゅく》した胞子体《ほうしたい》。

蒴《さく》のぼうしもとれ，緑色《みどりいろ》の胞子《ほうし》をまきちらします。

➡蒴《さく》のふたもとれ，蒴歯《さくし》があらわれた**タマゴケ**。

胞子《ほうし》をとばすしくみ

どんな植物《しょくぶつ》でも、子孫《しそん》を広《ひろ》いはんいに、たくさんふやそうとします。たねを遠《とお》くまでまきちらすくふうをするのも、そのためです。動物《どうぶつ》の体《からだ》にくっつきやすいしくみのたねもあれば、風《かぜ》にのってとんでいきやすいように、綿毛《わたげ》やつばさをもったたねもあります。

コケの場合《ばあい》も、いろいろなくふうがされています。

たとえば蒴《さく》の口《くち》に、蒴歯《さくし》という針《はり》のようなものをもつコケがあり、蒴歯《さくし》は、雨《あめ》や朝《あさ》つゆでぬれると口《くち》の内側《うちがわ》にとじてしまいます。

しかし、日光《にっこう》があたってかわくにつれ、蒴歯《さくし》はイソギンチャクの手《て》のように外《そと》にでてきます。このとき、蒴《さく》の中《なか》から胞子《ほうし》のつぶがはじきだされて、あたりにまきちらされるのです。

⬆ナガバチヂレゴケの蒴歯《さくし》の乾湿運動《かんしつうんどう》。

⬉かわくと蒴歯《さくし》がひらきます(右《みぎ》)。しめっていると蒴歯《さくし》がとじます(左《ひだり》)。

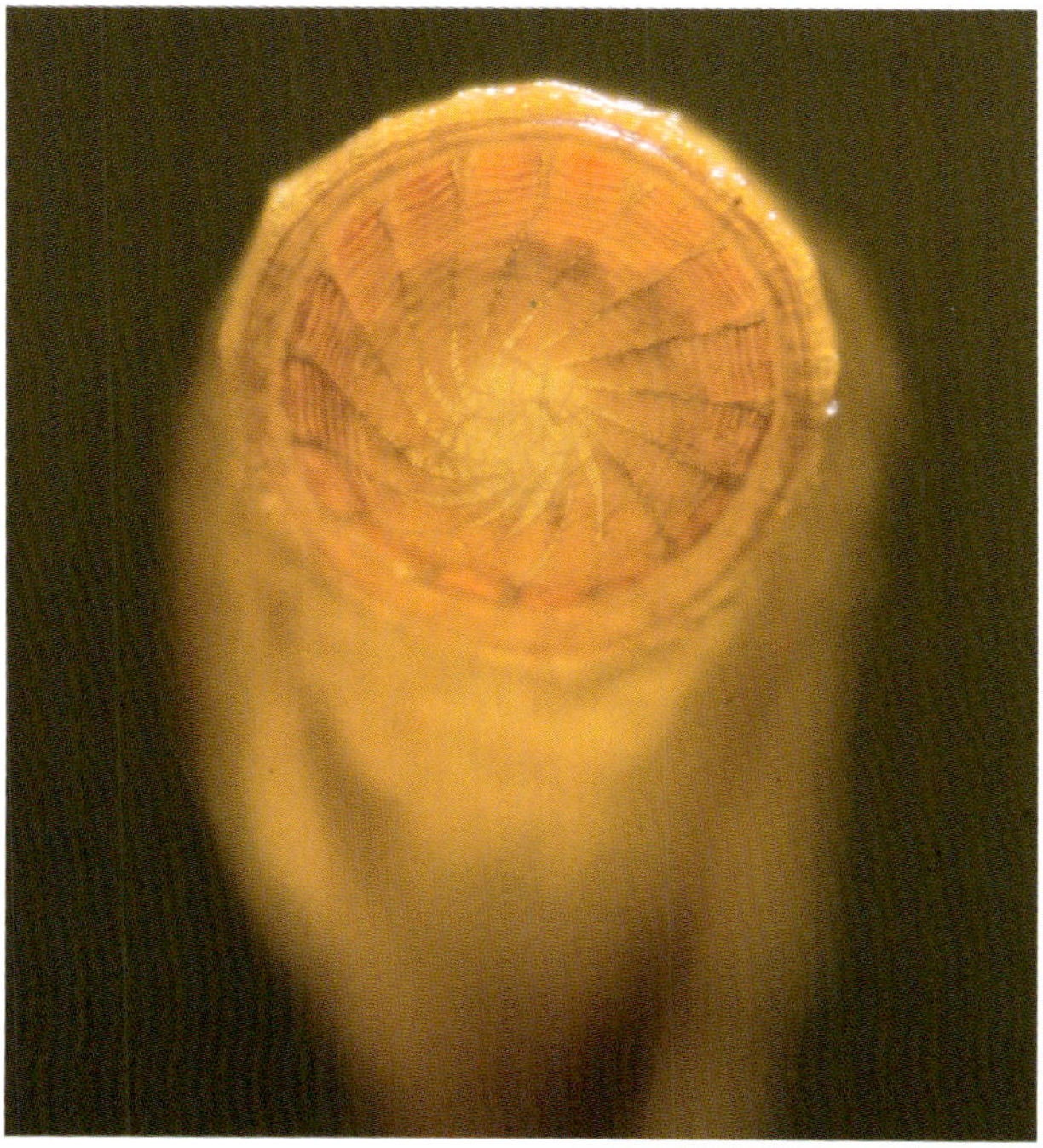

⬇ナガバチヂレゴケの蒴歯《さくし》の顕微鏡写真《けんびきょうしゃしん》。

⬅カメラレンズのしぼりのようなうずまき型《がた》をしたヒョウタンゴケの蒴歯《さくし》。

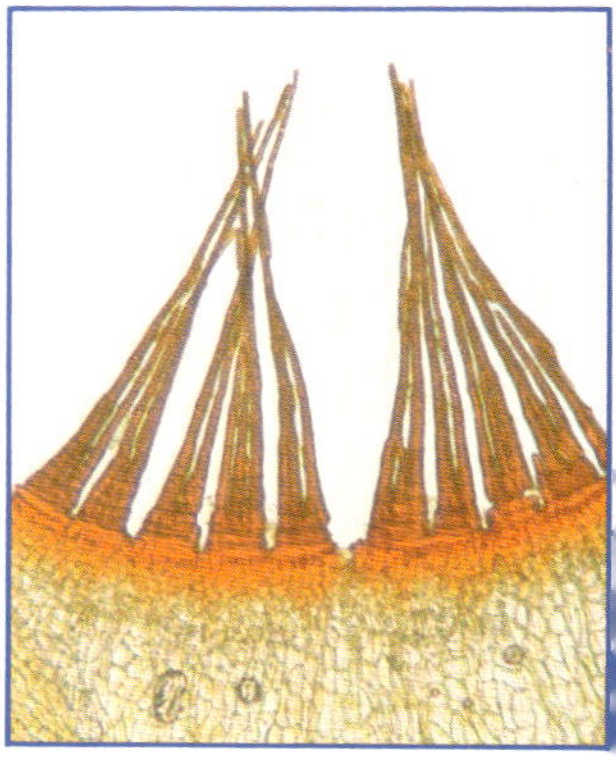

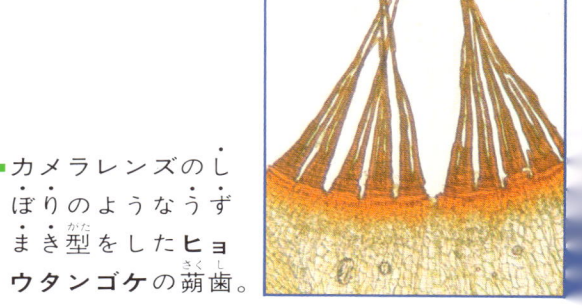

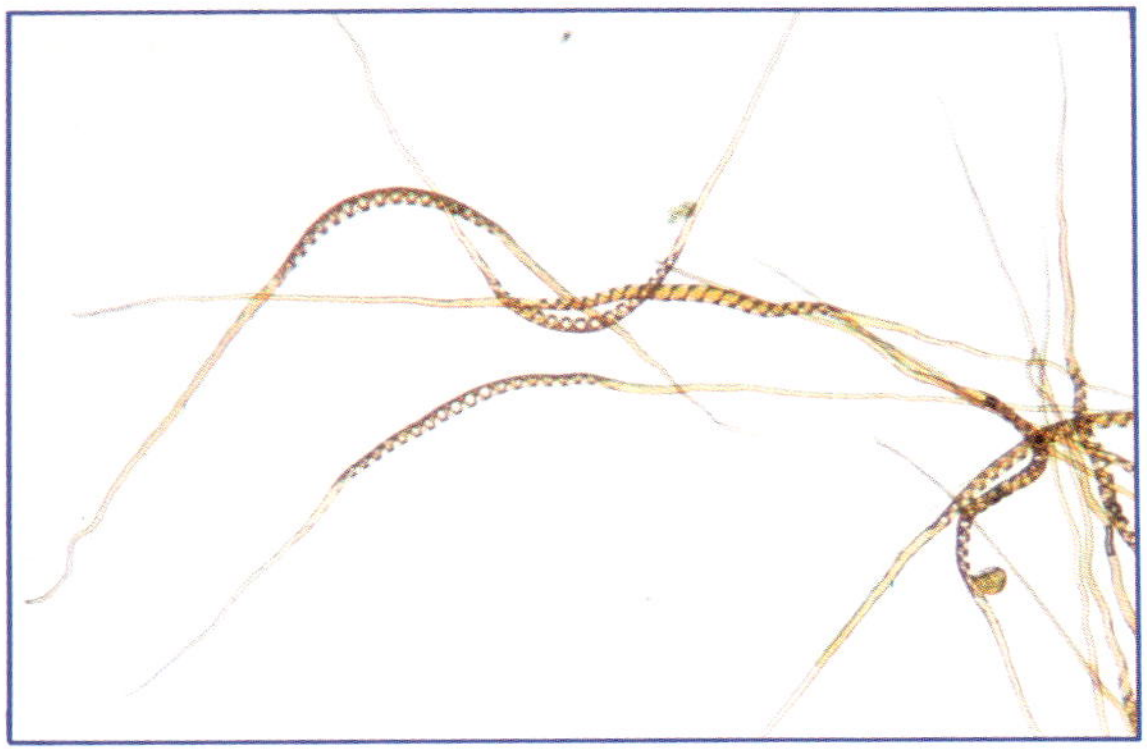

↑マキノゴケは，コケのなかでは最《もっと》も大《おお》きな弾《だん》糸《し》をもっています。上《うえ》，顕《けん》微《び》鏡《きょう》で弾《だん》糸《し》をみると，ばねのようならせんもようがみえます。
➡

ゼニゴケのなかまは、蒴《さく》の中《なか》に胞《ほう》子《し》といっしょに、弾《だん》糸《し》という糸《いと》のようなばねがはいっています。

弾《だん》糸《し》は乾《かん》湿《しつ》運《うん》動《どう》という、湿《しつ》度《ど》のちがいによるのびちぢみをします。かわいたときには、弾《だん》糸《し》がねじれて、胞《ほう》子《し》を外《そと》へはじきだします。

蒴《さく》歯《し》や弾《だん》糸《し》はとても小《ちい》さいので、はじきだす距《きょ》離《り》は、数《すう》ミリからせいぜい数《すう》センチです。でも、胞《ほう》子《し》は軽《かる》いので、空《くう》気《き》がかんそうするときの上《じょう》昇《しょう》気《き》流《りゅう》にのって、遠《とお》くまでとんでいけます。つまり、このときをねらって胞《ほう》子《し》をとばすように調《ちょう》節《せつ》するのが、蒴《さく》歯《し》や弾《だん》糸《し》の乾《かん》湿《しつ》運《うん》動《どう》のやくめなのです。

⬆**蒴**《さく》がやぶれて，黄色《きいろ》い胞子《ほうし》をとばしている**ゼニゴケ**。

⬅**ホソバミズゼニゴケ**の蒴《さく》は，きれいに四つにわれます。綿《わた》のような茶色《ちゃいろ》の弾糸《だんし》と，緑色《みどりいろ》の胞子《ほうし》もみえます。

⬇**ゼニゴケ**の弾糸《だんし》。しめるとのびます。

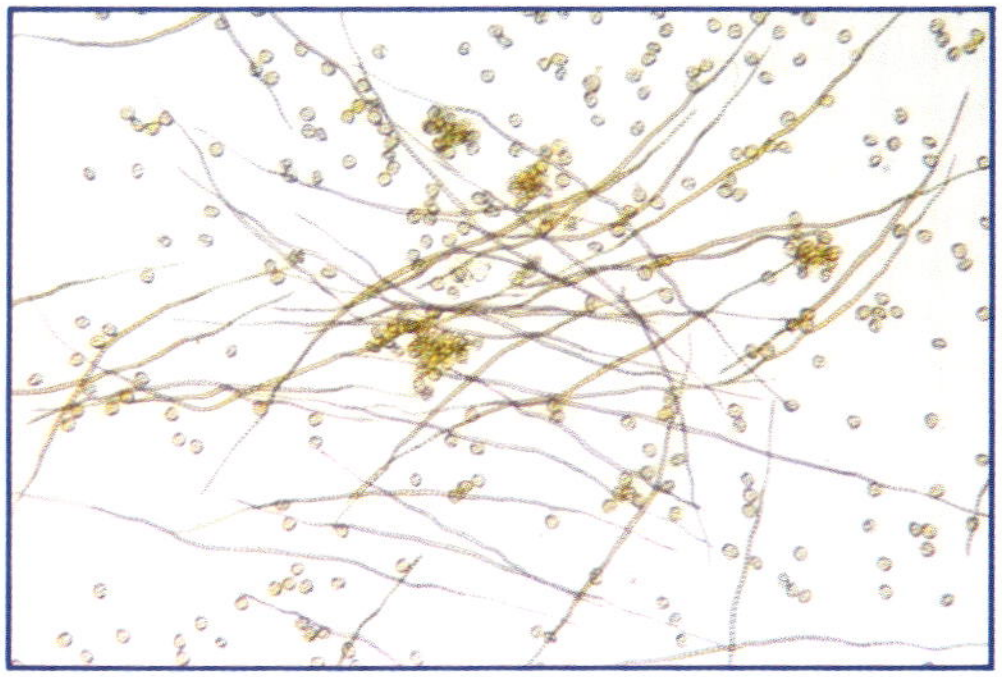

分身《ぶんしん》でもふえるコケ

　サツキなどの庭木《にわき》は、小枝《こえだ》を地《じ》面《めん》にさしておくと、根《ね》がはえてきてそだちます。このように、植物《しょくぶつ》にはたねができなくても、分身《ぶんしん》をつくってふえる力《ちから》があります。

　胞子《ほうし》でふえるコケも分身《ぶんしん》ができます。体《からだ》の一部《いちぶ》がひとりだちして、芽《め》のようなものをつくるのです。

　これは無性芽《むせいが》とよばれています。地面《じめん》におちた無性芽《むせいが》は、芽《め》をだして新《あたら》しいコケになります。

　多《おお》くのコケが、きびしい自然環《しぜんかん》境《きょう》の中《なか》で生《い》きながらえ、なかまを

頭《あたま》のてっぺんに、毛糸《けいと》のボンボンのような無性芽《むせいが》をつける**ホソエヘチマゴケ**。

エゾチョウチンゴケの無性芽《むせいが》は、棒《ぼう》のような形《かたち》をしています。この一本《ぽん》一本《ぽん》が、さらにこまかくいくつにもわかれます。

ふやしていけるのは、この無性芽《むせいが》でもふえることができるからです。

さらのような形《かたち》の無性芽器《むせいがき》を体《からだ》じゅうにつけた**フタバネゼニゴケ**。中《なか》には、円盤《えんばん》の形《かたち》をした無性芽《むせいが》がたくさんはいっています。

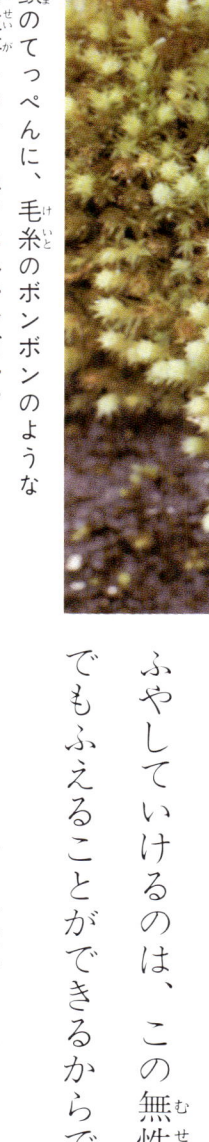

人家《じんか》の周辺《しゅうへん》でみられる**ギンゴケ**。

石《いし》がきのつぎ目《め》にそってはえた**ハマキゴケ**。コケは水分《すいぶん》のより多《おお》い所《ところ》にはえるのがわかります。

コケをさがそう

コケをみるには、どんな場所《ばしょ》をさがしたらよいでしょう。

これはむずかしいことではありません。なにも、人里《ひとざと》はなれた山《やま》おくにいかなくてもよいのです。

庭《にわ》の地面《じめん》のしめった所《ところ》をのぞいてごらんなさい。ゼニゴケやヒメジャゴケがみつかるはずです。

石《いし》がきやブロックべいには、かんそうに強《つよ》いギンゴケやハマキゴケがみられます。

あき地《ち》や道《みち》ばたには、ハイゴケやコスギゴケがはえ、木《き》の幹《みき》には

⬆わらぶき屋根《やね》いっぱいにはえた**ヤネアカゴケ**。春《はる》から夏《なつ》にかけて胞子体《ほうしたい》が赤《あか》く色《いろ》づきます。

ツヤゴケやヒナノハイゴケがはりついています。
環境《かんきょう》におうじて、さまざまなコケがはえているのがわかります。

⬇**ゼニゴケ**もしめった地面《じめん》をこのみます。

コケ林《りん》

山《やま》にはよく霧《きり》につつまれる場《ば》所《しょ》があります。コケ林《りん》とよばれる林《はやし》や森《もり》があるのは、たいていそういった場《ば》所《しょ》です。

コケはしめったところをこのみます。だから、一年《いちねん》じゅうかわくことのない川《かわ》ぞいの林《はやし》にも、コケ林《りん》があります。

コケ林《りん》では、コケが地面《じめん》はもちろんのこと、木《き》の幹《みき》や枝《えだ》、葉《は》っぱにまでおおいかぶさって密林《みつりん》のようです。

→スギの枝《えだ》や幹《みき》をつつみこんでしまうほどコケがはえた、屋《や》久《く》島《しま》のスギ原《げん》生《せい》林《りん》。

←たおれた木《き》からたれさがるようにはえる**オオミミゴケ**や**リスゴケ**。屋《や》久《く》島《しま》にはこういったコケ林《りん》がたくさんあります。

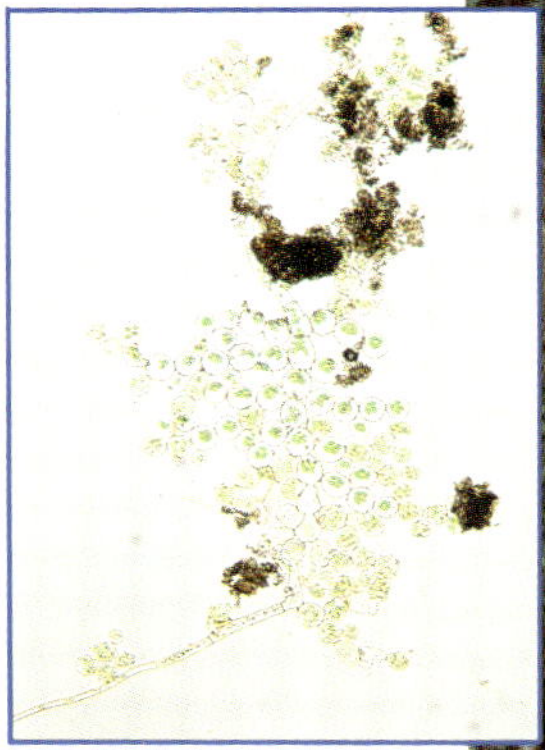

→洞穴《どうけつ》などでみられる**ヒカリゴケ**。緑色《みどりいろ》に光《ひか》ってみえるのは葉緑体《ようりょくたい》の色《いろ》です。

↑**ヒカリゴケ**の原糸体《げんしたい》。

↑葉《は》がほとんど退化《たいか》した**ウチワチョウジゴケ**。原糸体《げんしたい》がいつまでもかれずにのこっています。むかしは、キノコのなかまとまちがわれていました。

林《はやし》の中《なか》のコケ

林《はやし》にはいると、コケは種類《しゅるい》も量《りょう》もぐんとふえます。とくに、湿気《しっけ》の多《おお》い沢《さわ》ぞいなどは、コケの宝庫《ほうこ》です。

林《はやし》の中《なか》では、大形《おおがた》のコケやかわったコケもたくさんみられます。

たとえばヒカリゴケは、原糸体《げんしたい》の細《さい》胞《ぼう》が球形《きゅうけい》でレンズのはたらきをして、光《ひかり》を反射《はんしゃ》します。そのため、まるで光《ひか》っているようにみえます。

このほか、木《き》の枝《えだ》から何《なん》十センチも長《なが》くたれさがるサガリゴケのなかま、キノコのようなウチワチョウジゴケなど、めずらしいコケもみられます。

⬆亜《あ》高《こう》山《さん》帯《たい》の林《はやし》に，ぶあついじゅうたんをしきつめたようにはえる**タチハイゴケ**。

⬇古《ふる》くから園芸家《えんげいか》にもてはやされているコケの王《おう》さま，**コウヤノマンネングサ**。

⬇茎《くき》のてっぺんに直径《ちょっけい》3～4cmに葉《は》をひろげる**オオカサゴケ**。

●**ハネヒツジゴケ**。たおれた木《き》の上《うえ》で蒴《さく》をのばしている姿《すがた》は，まるで森《もり》のこびとがおおぜいでてきておどっているようです。

➡沢《さわ》のはげしい水《みず》しぶきにもまけずに、岩《いわ》にしがみつく**ムラサキヒシャクゴケ**。

水辺《みずべ》のコケ

うす暗《ぐら》い森《もり》をぬけでてみましょう。そこには、太陽《たいよう》の光《ひかり》をいっぱいあびた湿原《しつげん》がひろがっています。

その湿原《しつげん》を形《かたち》づくっているのは、多《おお》くのミズゴケのなかまです。ミズゴケは、自分《じぶん》の体《からだ》の重《おも》さの何《なん》十倍《ばい》もの水《みず》を、体内《たいない》にたもつことができます。

そのおかげで、湿原《しつげん》は一年《ねん》じゅう水《みず》がかれることはありません。

渓流《けいりゅう》の岩《いわ》にも、コケはしがみついて生《い》きています。体《からだ》の小《ちい》さなコケは、水《みず》の抵抗《ていこう》も小《ちい》さく、流《なが》れにたやすくおしながされることもありません。

⬆山《やま》の上《うえ》の高原《こうげん》にできたミズゴケ湿原《しつげん》。ひとくちに**ミズゴケ**といっても，多《おお》くの種類《しゅるい》があります。大《おお》きさや色《いろ》や形《かたち》もさまざまです。

⬇赤紫色《あかむらさきいろ》の**ムラサキミズゴケ**。

⬇葉先《はさき》がそりかえった**ウロコミズゴケ**。

➡がけ一面《いちめん》にはえる黄緑色《きみどりいろ》の**ミヤマスナゴケ**と、赤《あか》い色《いろ》の**チャボヒシャクゴケ**。

荒《あ》れ地《ち》のコケ

岩《いわ》がむきだしになったがけや砂《さ》れき地《ち》は、生《い》きものにとってはたいへんにすみにくい場所《ばしょ》です。草木《くさき》もなかなか根《ね》づくことができません。

ところが、直接《ちょくせつ》岩《いわ》にしがみつくことのできるコケは、そんなところにも、ほかの草木《くさき》より早《はや》くすみつきます。たとえば、火山《かざん》地帯《ちたい》や石《いし》がごろごろしている川原《かわら》には、かんそうに強《つよ》いスナゴケなどがはえます。

また、いつも水《みず》がしたたりおちるがけでは、がけぜんたいがコケでおおわれ、赤《あか》や緑《みどり》にそまってみえるほどです。

⬆岩《いわ》がごろごろしている火山地帯《かざんちたい》の岩《いわ》かげにはえた**ススキゴケ**。

⬅石《いし》ころだらけの河原《かわら》にはえる**エゾスナゴケ**と緑色《みどりいろ》の**ウマスギゴケ**。

秋《あき》のコケ

秋《あき》です。野原《のはら》も山《やま》も、赤《あか》や黄色《きいろ》にそまります。

ところで、コケが紅葉《こうよう》することはほとんどありません。日《ひ》ざしや寒気《かんき》が強《つよ》くあたる所《ところ》にはえているコケのなかに、赤《あか》く色《いろ》づくものがあるくらいです。

むしろ、草木《くさき》の紅葉《こうよう》の中《なか》で、あざやかな緑《みどり》をちりばめる姿《すがた》こそ、秋《あき》のコケそのものなのです。

➡もうすぐ冬《ふゆ》です。あざやかな緑《みどり》をたもつ**ウマスギゴケ**。

⬆赤《あか》や黄色《きいろ》に色《いろ》づいた、**チャボヒシャクゴケ**（黄色《きいろ》）と**ツボミゴケ**の一種《しゅ》（赤色《せきしょく》）。

⬅流《なが》れのふちにはえる青《あお》あおとした**オオミズゴケ**は、紅葉《こうよう》した林《はやし》の中《なか》でめだちます。

⬆雪《ゆき》の中《なか》から頭《あたま》だけのぞかせた**オオスギゴケ**。

➡冬《ふゆ》の朝《あさ》，まっ白《しろ》に霜《しも》でおおわれた草《くさ》むらの**ハイゴケ**。

冬《ふゆ》のコケ

冬《ふゆ》の野山《のやま》は、落《お》ち葉《ば》やかれ草《くさ》にうもれています。雪《ゆき》や氷《こおり》にもおおわれます。

あざやかな緑《みどり》はどこにもないのでしょうか。いいえ、コケたちの姿《すがた》をみてください。きびしい寒《さむ》さの中《なか》でも、青《あお》あおした姿《すがた》をみせてくれます。

コケたちは、南向《みなみむ》きのひだまりでぬくぬくしているわけではありません。むしろ、日《ひ》のあたらない北斜面《きたしゃめん》や谷底《たにぞこ》で多《おお》くみることができます。

だからといって、寒《さむ》さにたえてやっと生《い》きているようすもありません。冬場《ふゆば》になって胞子《ほうし》が熟《じゅく》すものもあれば、新《あたら》しい芽《め》がのびているものもあります。冬眠《とうみん》どころか、霜《しも》や氷《こおり》の下《した》でもさかんになかまをふやしています。

寒《さむ》くなっても、体《からだ》のふちに無性芽《むせいが》をつくってふえる**ヒメジャゴケ**。

氷《こおり》づけになっても、かれずに生《い》きつづける**ケチョウチンゴケ**。コケの葉《は》は、細胞《さいぼう》一つ分《ぶん》の厚《あつ》さしかありません。

ケチョウチンゴケの葉《は》にぎっしりつまった葉緑体《ようりょくたい》の顕微鏡写真《けんびきょうしゃしん》。冬《ふゆ》でも青《あお》あおしてみえるのは、この葉緑体《ようりょくたい》のためです。葉緑体《ようりょくたい》は光合成《こうごうせい》にかかせません。

ねむりについた冬《ふゆ》の野原《のはら》で、コケたちの息《いき》づかいがきこえてくるようです。

この小《ちい》さな体《からだ》のどこに、力強《ちからづよ》い生《せい》命力《めいりょく》が、かくされているのでしょう。

●冬《ふゆ》のさなかでも成長《せいちょう》するヒロクチゴケ。

＊どれがほんとうのコケ？

↑ブナなどの林《はやし》のしめった地面《じめん》の上《うえ》にみられる
→フジノマンネングサ（上《うえ》）。亜高山帯《あこうざんたい》によくみられるフロウソウ（右《みぎ》）。どちらも草《くさ》の名《な》がついていますが，コケのなかまです。

コケというと、みなさんは小《ちい》さくてめだたない植物《しょくぶつ》をおもいうかべるでしょう。

もともと、コケということばは「木毛《こけ》」、つまり木《き》につく毛《け》のようなものという意味《いみ》でした。それがだんだん広《ひろ》くつかわれるようになり、小《ちい》さな植物《しょくぶつ》や、岩《いわ》や木《き》などにへばりついている植物《しょくぶつ》全体《ぜんたい》をさすようになったのです。

ですからコケと名《な》がついていても、じつはコケではないという植物《しょくぶつ》も数多《かずおお》くあります。

たとえば、モウセンゴケやサギゴケ。これは、花《はな》をさかせ、たねをつくる種子植物《しゅししょくぶつ》です。

コケシノブやクラマゴケはシダ植物《しょくぶつ》のなかまです。

ウメノキゴケは、菌類《きんるい》と藻類《そうるい》が共生《きょうせい》しているもので、地衣類《ちいるい》です。キノコに近《ちか》い植物《しょくぶつ》なのです。

いっぽう、本物《ほんもの》のコケでありながら、高《たか》さ十センチにもなるコウヤノマンネングサはコウヤノマンネンゴケともよばれ、フウロソウにも〝草《くさ》〟という名《な》がついています。

小《ちい》さいからコケ、大《おお》きいから草《くさ》とはいえないのです。

約《やく》 3,000万《まん》年《ねん》前《まえ》のハネゴケの化《か》石《せき》。最《もっと》も古《ふる》い化《か》石《せき》は 3 億《おく》年《ねん》以上《いじょう》も前《まえ》のものがみつかっています。

では、コケとはいったいどんな植物《しょくぶつ》なのでしょう。

これは、学者《がくしゃ》によりさまざまな意見《いけん》にわかれるところです。いまのところ、水中《すいちゅう》で生活《せいかつ》している藻類《そうるい》が進化《しんか》して、陸上《りくじょう》で生活《せいかつ》するようになった最初《さいしょ》の植物《しょくぶつ》がコケだと考《かんが》えられています。

ですから、コケは現在《げんざい》でも、水《みず》とは切《き》ってもきれない関係《かんけい》にあります。コケが地球上《ちきゅうじょう》にあらわれてから、すでに三〜四億年《おくねん》たちます。進化《しんか》したとはいえ、子孫《しそん》をのこす生殖《せいしょく》の時《とき》には、コケのおすの精子《せいし》は水《みず》の中《なか》をはるばる泳《およ》いで、めすのたまごにたどりつかなければなりません。

さらに、コケの体《からだ》は小《ちい》さいだけではなく、そのつくりもかんたんです。ですから植物《しょくぶつ》の進化《しんか》でいえば、コケは下等《かとう》な植物《しょくぶつ》とされています。下等《かとう》というと、いかにも単純《たんじゅん》でつまらないものととられがちです。しかし、コケは下等《かとう》な植物《しょくぶつ》とはいえ、けっしてつまらない植物《しょくぶつ》ではありません。

コケは、日本《にっぽん》だけでも二千種《せんしゅ》くらいあります。それぞれ小《ちい》さな体《からだ》をしていてみおとしがちですが、虫《むし》めがねや顕微鏡《けんびきょう》の下《した》では、草花《くさばな》にもおとらない美《うつく》しさでわたしたちの目《め》をたのしませてくれます。

●コケとは名《な》ばかりのコケ

ウメの老木《ろうぼく》に、白《しろ》っぽいウメノキゴケがついているのをみたことがあるでしょう。じつは、これはコケでなく地衣類《ちいるい》なのです。地衣《ちい》類《るい》はコケとちがって、体《からだ》が菌糸《きんし》でできています。

モウセンゴケはピンクの小《ちい》さな花《はな》をさかせ、たねができる種子植《しゅししょく》物《ぶつ》です。葉《は》の先《さき》についた粘液《ねんえき》で、小《ちい》さな虫《むし》をつかまえる食虫植物《しょくちゅうしょくぶつ》でもあります。

クラマゴケやコケシノブは、いかにもコケらしい姿《すがた》をしていますが、これはシダのなかまです。コケとちがって、土《つち》の中《なか》から水分《すいぶん》や養分《ようぶん》を吸収《きゅうしゅう》する組織《そしき》が発達《はったつ》しています。

地衣類《ちいるい》のウメノキゴケ。

種子植物《しゅししょくぶつ》のムラサキサギゴケ。

種子植物《しゅししょくぶつ》のモウセンゴケ。

シダ植物《しょくぶつ》のコケシノブ。

シダ植物《しょくぶつ》のクラマゴケ。

また、自然《しぜん》のなりたちを考《かんが》えてみても、コケは草木《くさき》や動物《どうぶつ》たちにとって、生活《せいかつ》しやすい環境《かんきょう》をつくるたいせつなはたらきをしていることがわかります。

＊コケとほかの植物《しょくぶつ》とのちがい

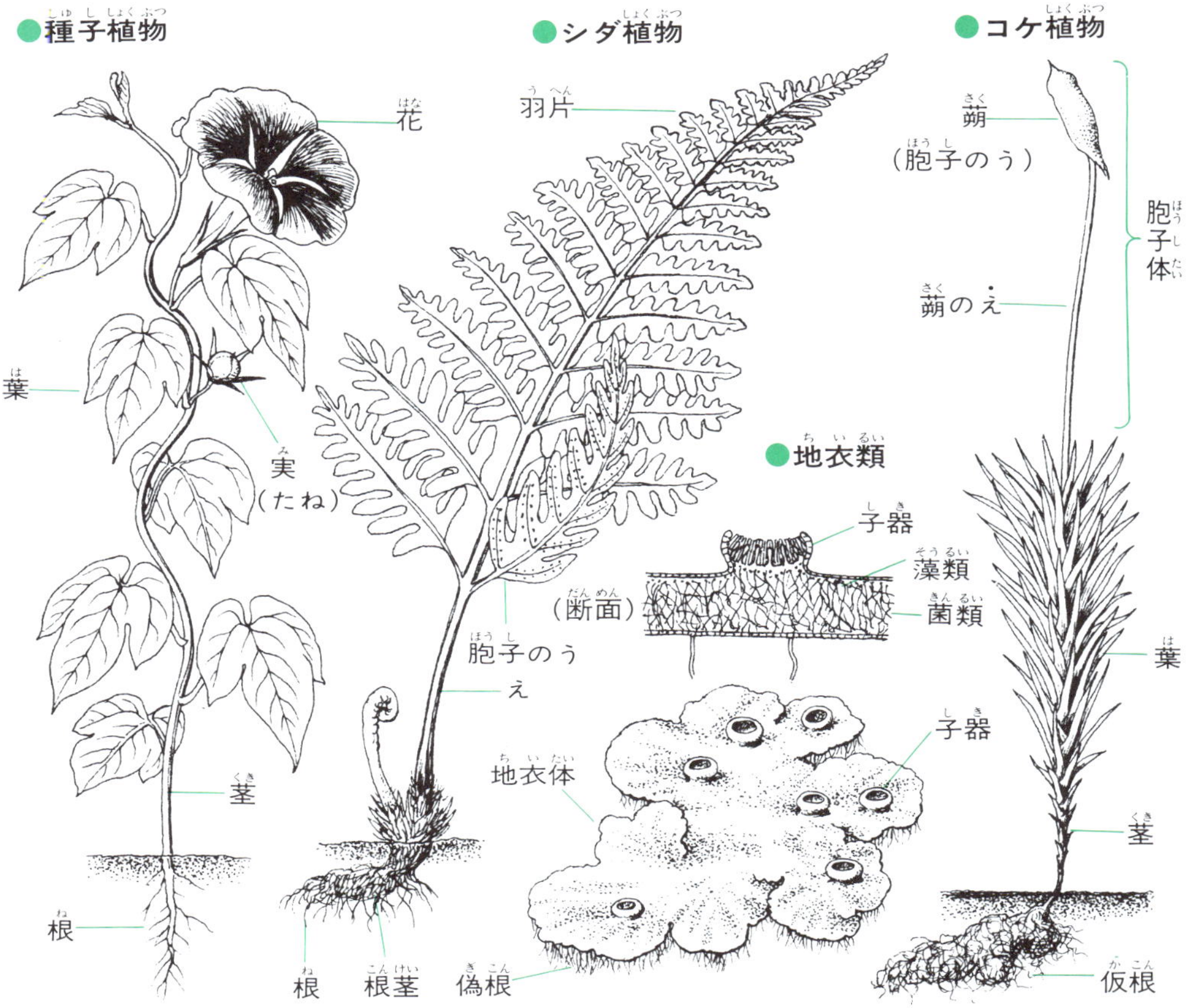

コケは、草木《くさき》やシダなどとくらべると、だいぶようすのちがう植《しょく》物《ぶつ》です。体《からだ》が小《ちい》さいということだけではありません。ほかの植《しょく》物《ぶつ》と体《からだ》のつくりがまったくちがうのです。

花《はな》をさかせ、たねをつくる草木《くさき》になれ親《した》しんできたわたしたちには、コケはむしろふしぎな生《い》き物《もの》とさえおもえます。

どのように成長《せいちょう》するのか。必要《ひつよう》な水《みず》や養分《ようぶん》はどのようにしてとりこむのだろうか。コケに対《たい》するさまざまな疑問《ぎもん》がわいてきます。

そこで、まず体《からだ》のつくりのちがいを、種子植物《しゅししょくぶつ》、シダ植物《しょくぶつ》、地衣《ちい》類《るい》とくらべてみましょう。

	種《しゅ》子《し》植《しょく》物《ぶつ》	シダ植《しょく》物《ぶつ》	コケ植《しょく》物《ぶつ》	地《ち》衣《い》類《るい》
花《はな》（たね）のはたらき	●花《はな》をさかせて，たねで子《し》孫《そん》をふやす。 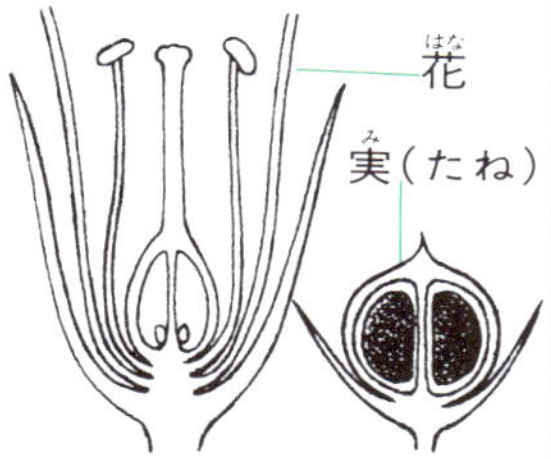	●花《はな》はさかない。 ●胞《ほう》子《し》でふえる。 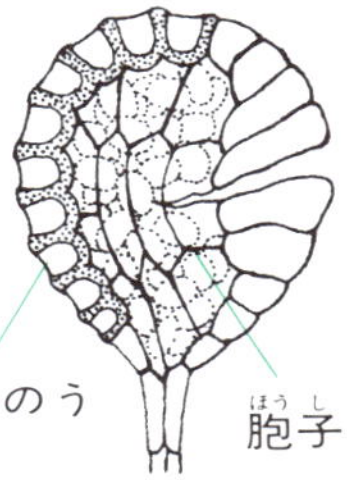	●花《はな》はさいても種《しゅ》子《し》植《しょく》物《ぶつ》の花《はな》とちがい，おしべ，めしべはない。 ●胞《ほう》子《し》でふえる。 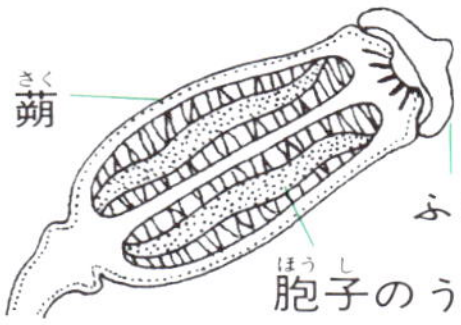	●花《はな》はさかない。 ●胞《ほう》子《し》でふえる。 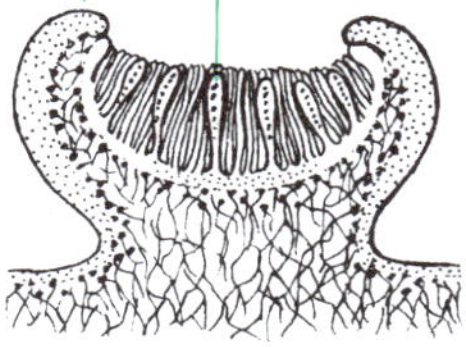
葉《は》のはたらき	●断《だん》面《めん》は多《おお》くの細《さい》胞《ぼう》でできていて厚《あつ》い。 ●気《き》孔《こう》がある。 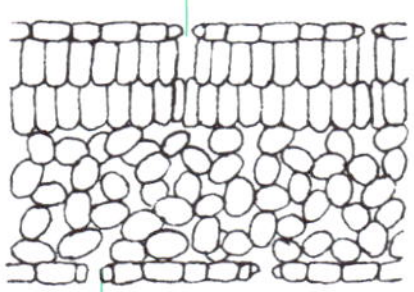	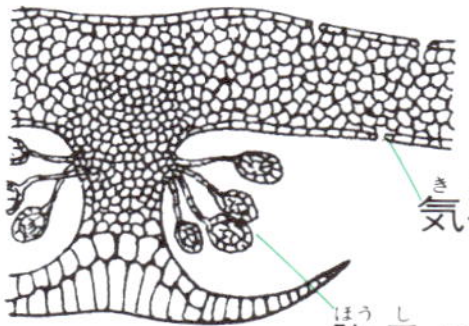 ●断《だん》面《めん》は多《おお》くの細《さい》胞《ぼう》でできている。 ●気《き》孔《こう》がある。	●ほとんど1細《さい》胞《ぼう》の厚《あつ》さしかない。 ●葉《は》の表《ひょう》面《めん》から直《ちょく》接《せつ》水《みず》を吸《きゅう》収《しゅう》し気《き》孔《こう》はない。  （葉《は》の断《だん》面《めん》）	●葉《は》と茎《くき》の区《く》別《べつ》はない。 ●体《からだ》は菌《きん》糸《し》でできていて，体《たい》内《ない》に藻《そう》類《るい》が共《きょう》生《せい》している。 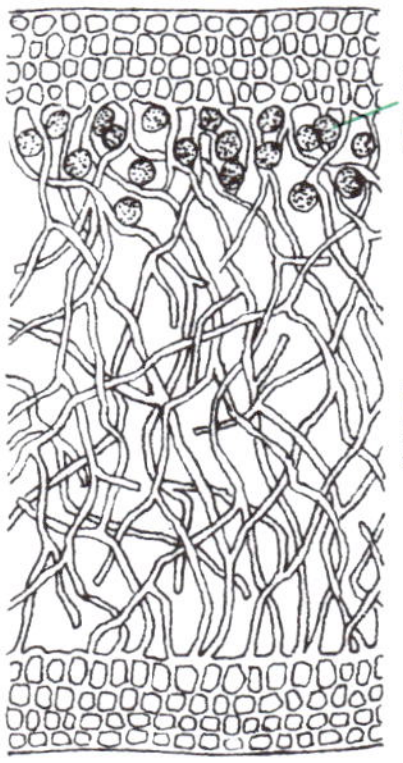
茎《くき》のはたらき	●水《みず》や養《よう》分《ぶん》の通《とお》る管《くだ》（通《つう》導《どう》組《そ》織《しき》）がある。 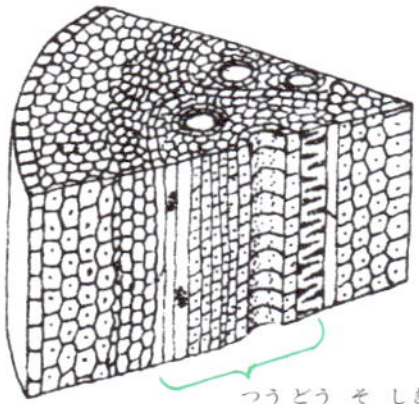	●茎《くき》はごく短《みじか》く根《こん》茎《けい》という。 ●水《みず》や養《よう》分《ぶん》の通《とお》る管《くだ》（通《つう》導《どう》組《そ》織《しき》）がある。 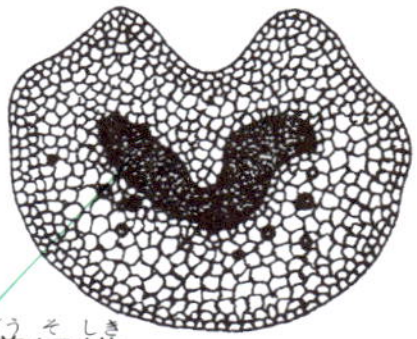	●水《みず》や養《よう》分《ぶん》の通《とお》る管《くだ》（通《つう》導《どう》組《そ》織《しき》）はない。 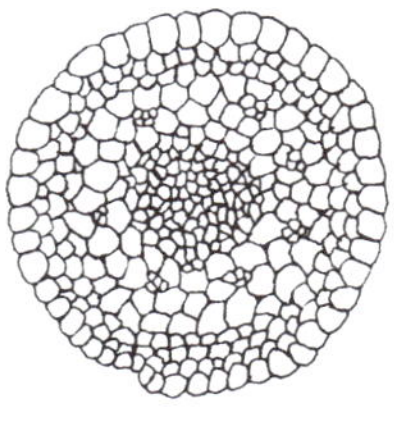	
根《ね》のはたらき	●水《みず》や養《よう》分《ぶん》を吸《きゅう》収《しゅう》する。 ●体《からだ》を固《こ》定《てい》する。 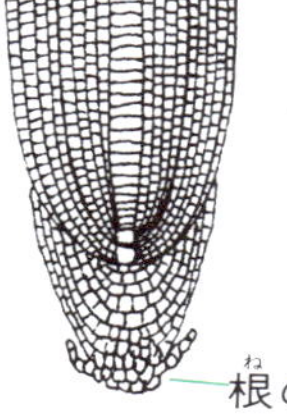	●水《みず》や養《よう》分《ぶん》を吸《きゅう》収《しゅう》する。 ●体《からだ》を固《こ》定《てい》する。 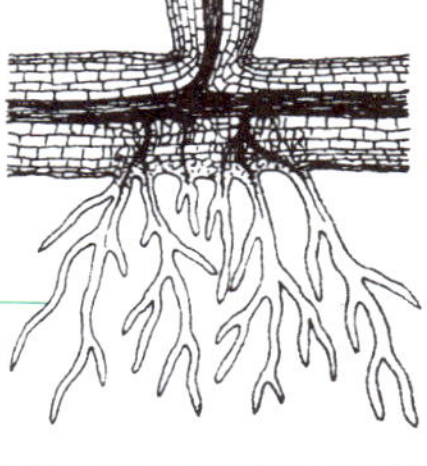	●仮《か》根《こん》といい，水《みず》や養《よう》分《ぶん》はほとんど吸《きゅう》収《しゅう》できない。 ●体《からだ》を固《こ》定《てい》するだけ。 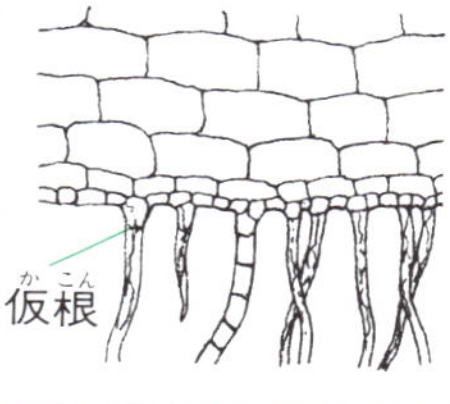	●偽《ぎ》根《こん》といい，水《みず》や養《よう》分《ぶん》はほとんど吸《きゅう》収《しゅう》できない。 ●体《からだ》を固《こ》定《てい》するだけ。 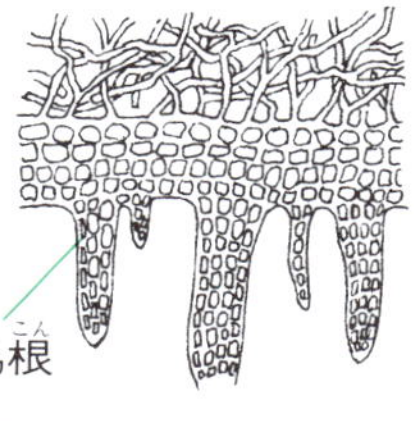

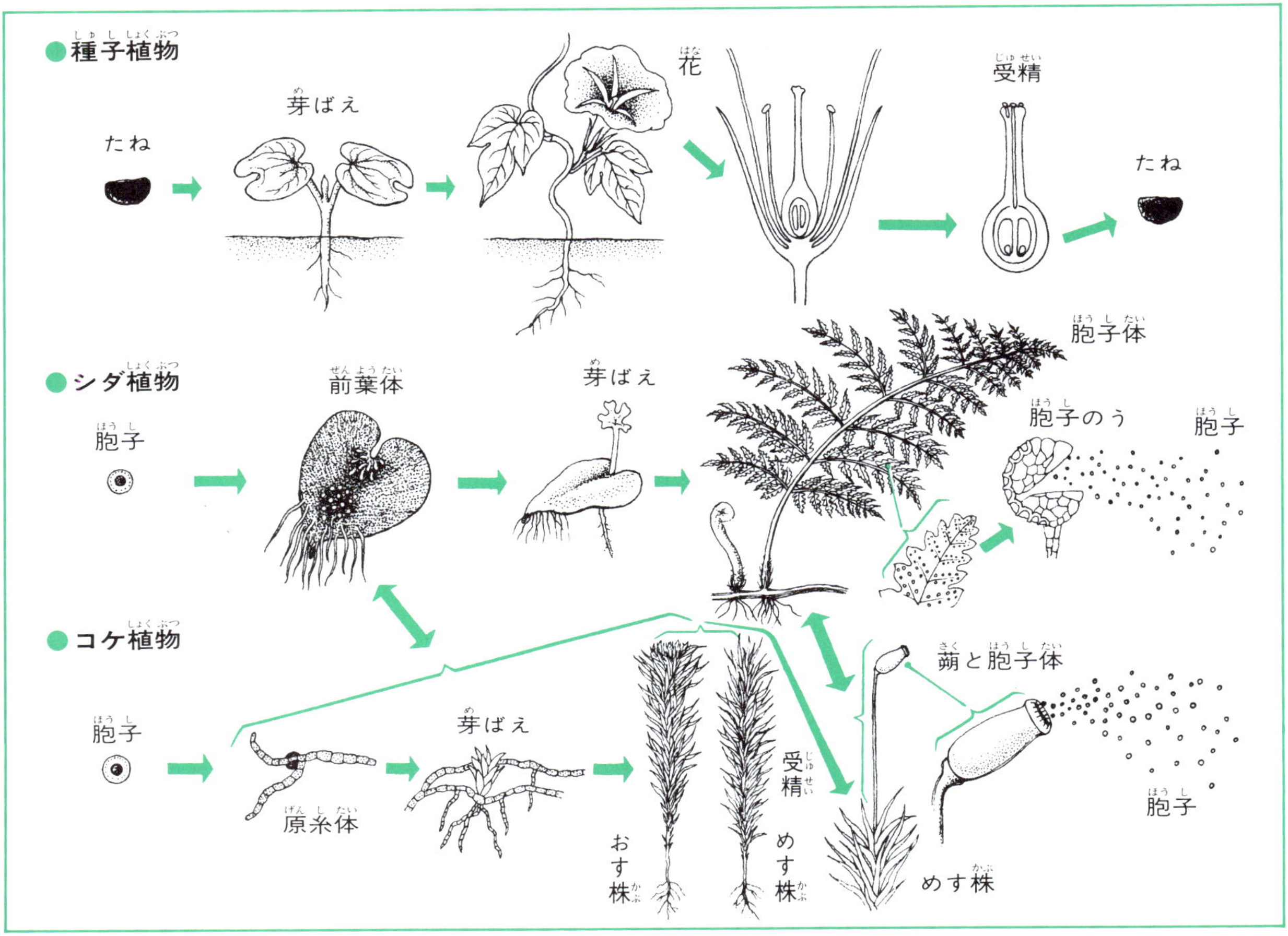

では、コケの一生《いっしょう》は、ほかの植物《しょくぶつ》とくらべて、どのようにちがうのでしょうか。

わたしたちは、ふつう植物《しょくぶつ》の一生《いっしょう》というと、アサガオやヒマワリなどの種子植物《しゅししょくぶつ》で学《まな》んでいます。たとえば、子孫《しそん》をふやすのに、種子植物《しゅししょくぶつ》では花《はな》という体《からだ》のほんの一部分《ぶぶん》でその活動《かつどう》をしています。

ところが、上《うえ》の図《ず》でもわかるとおり、コケは胞子《ほうし》→原糸体《げんしたい》→芽《め》ばえという順序《じゅんじょ》をふんでから、おすやめすの生殖器官《せいしょくきかん》をもった体《からだ》となります。

わたしたちがふだんよくみているコケの姿《すがた》は、受精《じゅせい》をして胞子《ほうし》をつくる、繁殖《はんしょく》するための体《からだ》なのです。

＊季節《きせつ》によるコケの成長《せいちょう》

↑わずか数《すう》mmの高《たか》さしかないヒロクチゴケ。鉢植《はちう》えの土《つち》の上《うえ》にもはえます。

←おもに高山帯《こうざんたい》にはえるユリミゴケ。動物《どうぶつ》の死体《したい》やふんの上《うえ》にはえます。

冬《ふゆ》の田畑《たはた》を歩《ある》いてごらんなさい。イネの切《き》り株《かぶ》がのこるたんぼの土《つち》の表面《ひょうめん》に、緑《みどり》やオレンジ色《いろ》をしたヒロクチゴケの姿《すがた》が、あちこちにみられます。

秋《あき》のとりいれがすみ、春《はる》の耕作《こうさく》がはじまるまでの冬《ふゆ》の田畑《たはた》は、コケが自由《じゆう》に生《い》きられる季節《きせつ》です。ヒロクチゴケは、秋《あき》に成長《せいちょう》をはじめ、冬《ふゆ》のあいだに胞子《ほうし》をつくるのです。

コウヤノマンネングサは、冬《ふゆ》になると色《いろ》があせて成長《せいちょう》がとまったようにみえます。ところが土《つち》の中《なか》では、長《なが》くのびた地下茎《ちかけい》の先《さき》で、春《はる》にだす芽《め》の用意《ようい》をするためにいそがしくはたらいています。

コスギゴケなどでは、花《はな》をさかせるのは春《はる》です。夏《なつ》のあいだはゆっくり成長《せいちょう》します。そして、胞子《ほうし》が熟《じゅく》してさかんに繁殖《はんしょく》するのは、秋《あき》から冬《ふゆ》にかけてです。

このように、温暖《おんだん》な日本《にっぽん》では、一年《ねん》をとおしてさまざまなコケの成長《せいちょう》の姿《すがた》をみることができます。

東南《とうなん》アジアなどの熱帯地方《ねったいちほう》では、コケは雨季《うき》に成長《せいちょう》し、

スギゴケは胞子《ほうし》が完成《かんせい》するまでに，まるまる１年《ねん》もかかります。上《うえ》は昨《さく》年《ねん》の春《はる》に受精《じゅせい》した実《み》。下《した》は今年《ことし》の花《はな》。

乾季《かんき》になると成長《せいちょう》を休《やす》みます。

寒帯《かんたい》の地方《ちほう》や高山《こうざん》ではどうでしょうか。コケは雪《ゆき》どけとともに成長《せいちょう》をはじめます。そして夏《なつ》がすぎ、やがてつぎの雪《ゆき》がふるまで成長《せいちょう》をしつづけます。

しかし、このようなところにはえるコケは、雪《ゆき》の中《なか》でもかれることはありません。草木《くさき》やシダなど、ほかの植《しょく》物《ぶつ》がかれていても、コケは青《あお》あおとしているのです。

＊コケの寿命《じゅみょう》は何年《なんねん》？

古《ふる》い茎《くき》の先《さき》から新《あたら》しい芽《め》をだし、何《なん》年《ねん》も生《い》きるウマスギゴケ。

前年《ぜんねん》にのびた茎《くき》から、新《あたら》しい茎《くき》がはえて生《い》きつづけるイワダレゴケ。

コケは小《ちい》さな植物《しょくぶつ》です。ですから、寿命《じゅみょう》も一年《ねん》か二年《ねん》くらいしかないとおもうでしょう。

ところがどうして、毎年《まいねん》、体《からだ》の先《さき》から新《あたら》しい芽《め》をだしては、何年《なんねん》も何《なん》十年《ねん》も成長《せいちょう》しつづけるコケがたくさんあるのです。

生《い》きつづけるための環境《かんきょう》がととのい、根《ね》もとがくさらなければ、

高《たか》さ1㎜のキュウシュウホウオウゴケ。

小《ちい》さなコケ，大《おお》きなコケ

もっとも小《ちい》さなコケはミジンコクサリゴケで，0.1㎜しかありません。ホウオウゴケのなかまにも1㎜たらずのコケがあります。虫《むし》めがねでのぞかなければ，形《かたち》がわかりません。

世界一大《せかいおお》きなコケは，熱帯地方《ねったいちほう》にはえるダウソニアです。長《なが》さは50㎝以上《いじょう》，葉《は》をひろげた大《おお》きさは2㎝もあります。日本《にっぽん》でみられる10㎝以上《いじょう》にもなるマンネンゴケのなかまも小《ちい》さくみえますね。

世界最大《せかいさいだい》のダウソニア。

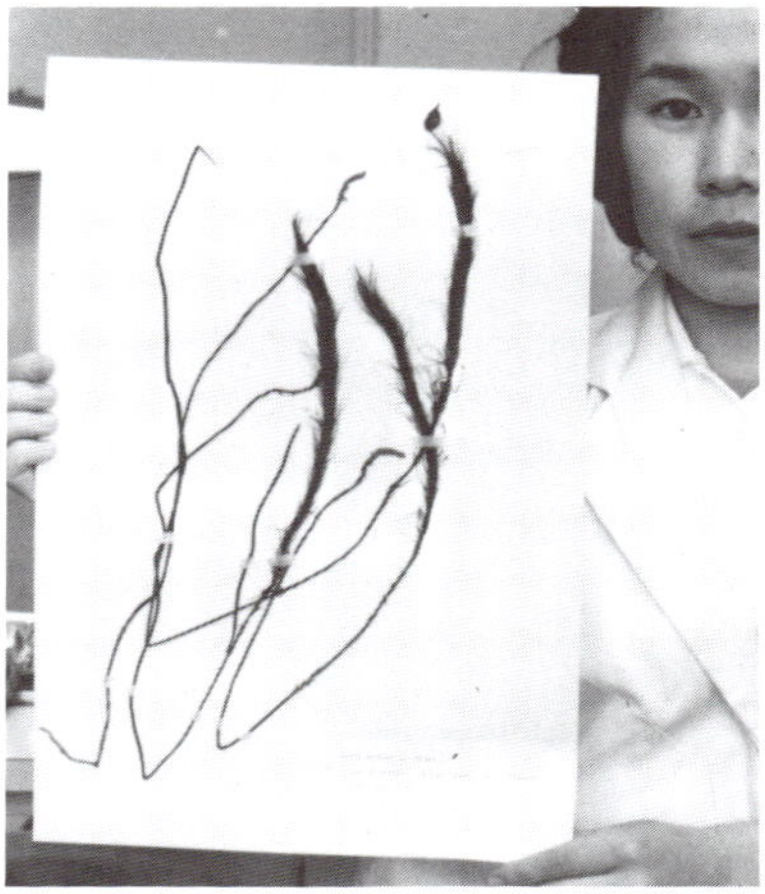

ダウソニアの標本《ひょうほん》。

一メートル以上《いじょう》にものび、数百年《すうひゃくねん》も生《い》きているコケもあります。

ほとんどの草木《くさき》は、一年《ねん》たらずで葉《は》がかれてしまいます。しかしコケの葉《は》は二〜三年《ねん》くらい、青《あお》あおとして生《い》きています。

コケを一本《ぽん》とって、よく観察《かんさつ》してごらんなさい。

茎《くき》のところどころに、「コケの花《はな》」のあとがあったり、葉《は》が小《ちい》さくなってくびれているところがありませんか。新《あたら》しい枝《えだ》がでていたりして、いくつも節《ふし》があることに気《き》づくでしょう。

そのひとつひとつの節《ふし》が、コケが一年《ねん》で成長《せいちょう》したあとなのです。ですから、節《ふし》をかぞえればコケの年齢《ねんれい》がわかります。

⬆オオスギゴケの葉《は》から再生《さいせい》した新芽《しんめ》。コケ庭《にわ》にも多《おお》く利用《りよう》されています。

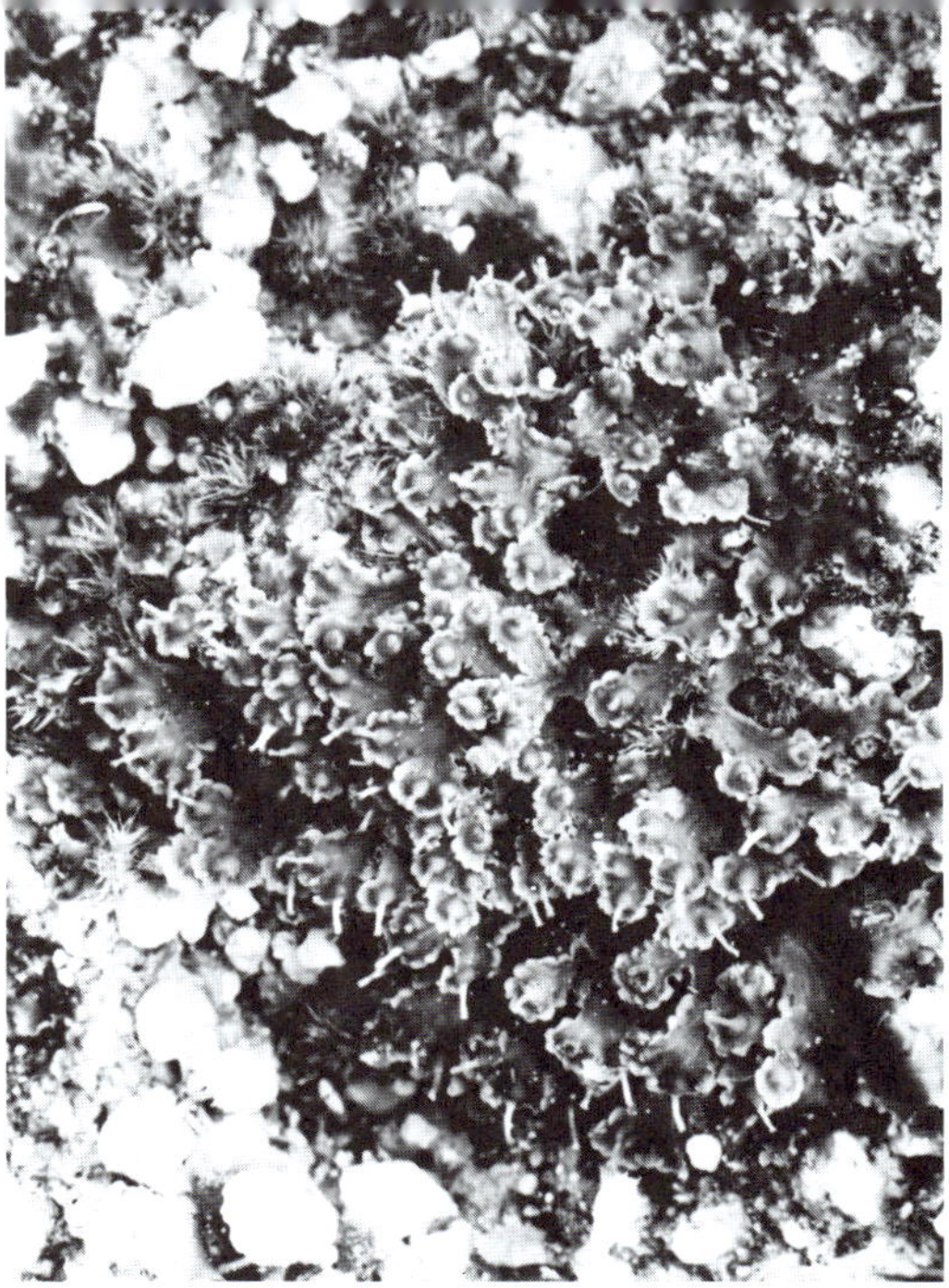

➡荒《あ》れ地《ち》の開《かい》たく者《しゃ》ウスバゼニゴケ。葉《は》のはばは3～5㎜。土砂《どしゃ》のくずれたような所《ところ》で，かさなりあってはえているのがみられます。

土砂《どしゃ》くずれや道路工事《どうろこうじ》などで、地面《じめん》がむきだしになったところは、一時的《いちじてき》にまったく植物《しょくぶつ》のない状態《じょうたい》になります。こんなところに、まっさきにあらわれるのがコケや地衣類《ちいるい》です。

ウスバゼニゴケは、土砂《どしゃ》くずれのあとにだけ姿《すがた》をあらわすふしぎなコケです。やがて地面《じめん》が安定《あんてい》し、ほかの植物《しょくぶつ》がはえるようになると、いつのまにか姿《すがた》をけしてしまいます。

岩《いわ》だらけのがけやがれ場《ば》にも、コケはわずかなすきまに根《ね》をおろしてしがみついています。コケがはえると、少《すこ》しずつ土壌《どじょう》もたまります。そうすると、シダや草木《くさき》も姿《すがた》をあらわすようになります。

では、コケのこういった力強《ちからづよ》い繁殖《はんしょく》のひみつはどこにあるのでしょう。

コケは胞子《ほうし》でふえるだけではありません。体《からだ》のあちこちに、いろいろな形《かたち》をした無性芽《むせいが》ができ、これが成《せい》長《ちょう》してふえることもできるのです。さらに、体《からだ》の一部《いちぶ》

ゼニゴケのおす株《かぶ》。

ゼニゴケのめす株《かぶ》。

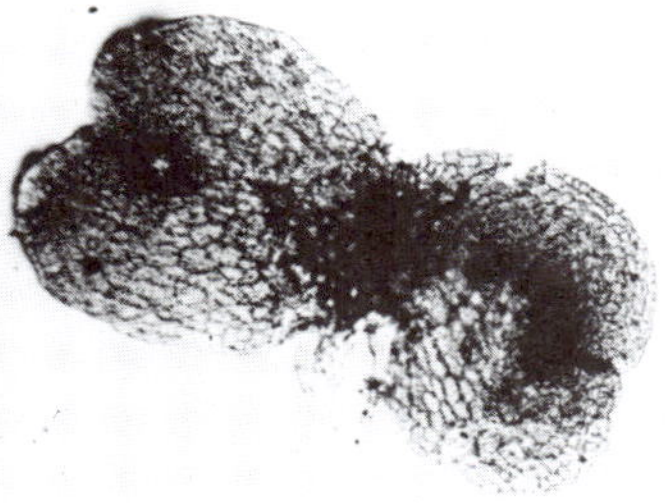

無性芽《むせいが》からの芽《め》ばえ。

ゼニゴケの無性芽《むせいが》。

●無性芽《むせいが》でも繁殖《はんしょく》するコケ

ゼニゴケはおす株《かぶ》とめす株《かぶ》があり，どちらもコケの花《はな》をさかせます。そして受精《じゅせい》すると胞子《ほうし》ができて繁殖《はんしょく》します。

しかし，ゼニゴケは受精《じゅせい》しなくてもふえていきます。

おす株《かぶ》、めす株《かぶ》の体《からだ》のあちこちにさらの形《かたち》をしたものができます。この中《なか》に１㎜ほどの円盤形《えんばんがた》の無性芽《むせいが》がはいっているのです。

おす株《かぶ》からできた無性芽《むせいが》は，成長《せいちょう》するとおす株《かぶ》になり，めす株《かぶ》からはめす株《かぶ》しかできません。

がちぎれると、そこからまた新《あたら》しい芽《め》をだして完全《かんぜん》な体《からだ》にもどれるという、再生力《さいせいりょく》ももっています。

こういった繁殖力《はんしょくりょく》の強《つよ》さのほかに、コケはかんそうにも意外《いがい》と強《つよ》く、なかなかかれません。

原生林《げんせいりん》や水《みず》のかれることのない湿原《しつげん》には、たくさんのコケがはえています。雨《あめ》のふらない日《ひ》がつづいても、原生林《げんせいりん》の中《なか》の湿度《しつど》はいつも高《たか》くたもたれ、草《くさ》木《き》の成長《せいちょう》がたすけられます。これはコケが自分《じぶん》の体《からだ》の中《なか》に水《みず》をたくわえてくれるおかげなのです。

とくに、ミズゴケは自分《じぶん》の体《からだ》の十五～二十倍《ばい》もの水《みず》を、体内《たいない》にたくわえることができます。

群馬《ぐんま》、福島《ふくしま》、新潟《にいがた》の三県《けん》にまたがる尾瀬《おぜ》の大湿原《だいしつげん》も、このミズゴケの保水力《ほすいりょく》があってはじめてなりたっているのです。

＊コケと人間《にんげん》

↑コケ盆景《ぼんけい》。そだてやすいのはオオスギゴケやホソバオキナゴケ。
➡箱根《はこね》美術館《びじゅつかん》のコケ庭《にわ》。

温暖《おんだん》で空気《くうき》にしめりけがある日本《にっぽん》の気候《きこう》は、多《おお》くのコケがそだつのに適《てき》しています。このような風土《ふうど》・気候《きこう》のなかで、日本人《にっぽんじん》はむかしからコケに親《した》しんできました。

たとえば、京都《きょうと》の寺《てら》や箱根《はこね》美術館《びじゅつかん》にあるコケ庭《にわ》のコケは、庭園《ていえん》をよりいっそう美《うつく》しくひきたてるものとしてたいせつにされています。

いろいろなコケを植《う》え木鉢《きばち》にうえつけたコケ盆景《ぼんけい》も、多《おお》くの人《ひと》たちの目《め》をたのしませてくれます。

でも、ふだんの生活《せいかつ》のなかでは、コケはあまり役立《やくだ》たないもののようにおもわれがちです。なにしろ、コケは小《ちい》さくてめだちません。食用《しょくよう》にすることもできません。わずかに園芸《えんげい》の材料《ざいりょう》としてミズゴケが利用《りよう》されているくらいです。

ところが、自然保護《しぜんほご》や環境問題《かんきょうもんだい》がさけばれるようになって、意外《いがい》なところでコケが注目《ちゅうもく》されはじめています。

コケは、空気中《くうきちゅう》の水分《すいぶん》を直接《ちょくせつ》葉《は》から吸収《きゅうしゅう》します。そのために、まわりの空気《くうき》の影響《えいきょう》を、じかに受《う》けやすい植物《しょくぶつ》なのです。湿気《しっけ》をふくんだきれいな空気《くうき》がなければ、生《い》きていけないコケはたくさんあります。とくに、深山《しんざん》のしめった地面《じめん》にはえるヒノキゴケは、工場地《こうじょうち》

図は坏田、1972年による

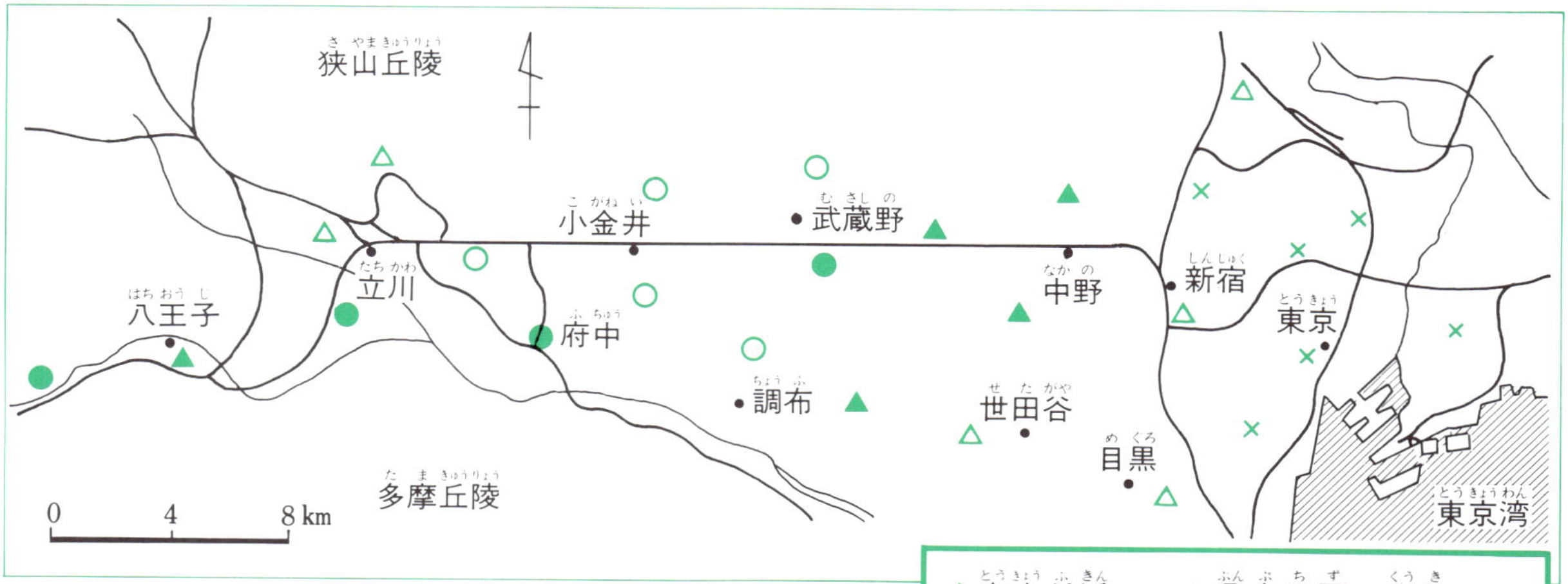

↑東京付近《とうきょうふきん》のコケ分布地図《ぶんぷちず》。空気《くうき》のかんそうや汚染度《おせんど》がわかります。

×＝コケ類《るい》がみられない。
△＝1～2種《しゅ》のコケ類《るい》。量《りょう》は少《すく》ない。
▲＝2種《しゅ》のコケ類《るい》。量《りょう》はやや多《おお》い。
○＝3～5種《しゅ》のコケ類《るい》。量《りょう》もやや多《おお》い。
●＝5～10種《しゅ》のコケ類《るい》。量《りょう》は多《おお》い。

帯《たい》や市街地《しがいち》では生《い》きていけません。
空気《くうき》のよごれやかんそうにわりあい強《つよ》いのはヒナノハイゴケやツヤゴケです。
コケのこの性質《せいしつ》を利用《りよう》して、都市化《としか》による空《くう》気《き》のかんそうやよごれを知《し》ることができないかと研究《けんきゅう》されています。たとえば東京付近《とうきょうふきん》のコケの分布《ぶんぷ》や生育状態《せいいくじょうたい》から、地域《ちいき》ごとのおおよその環境状態《かんきょうじょうたい》を知《し》るてがかりが得《え》られます。

↑かんそうや大気汚染《たいきおせん》に弱《よわ》いヒノキゴケ。

↓かんそうや大気汚染《たいきおせん》に強《つよ》いヒナノハイゴケ。

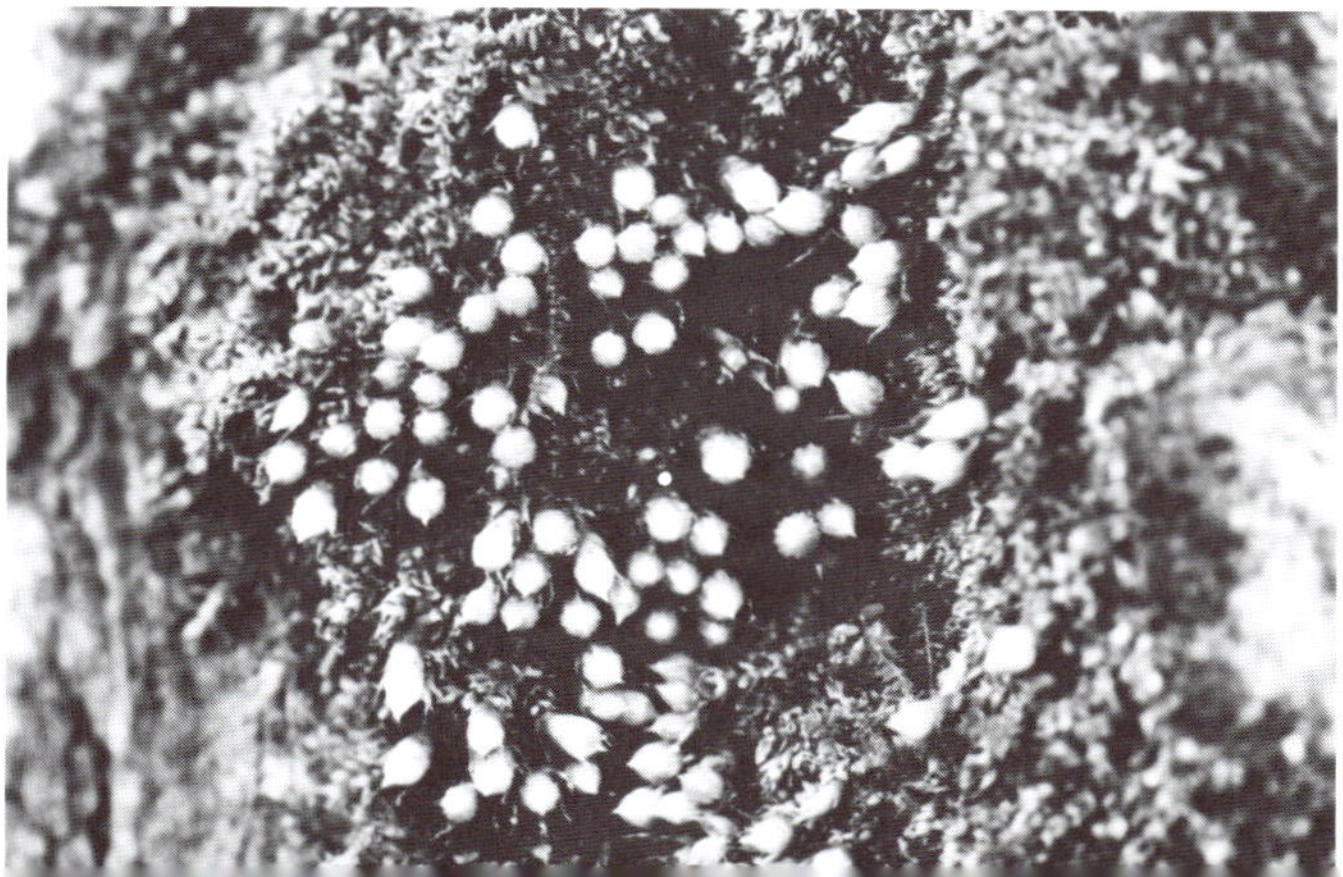

あとがき

ぼくはコケの〝コケ太《た》〟です。みなさんのまえに姿《すがた》をあらわすことができて、うれしくおもっています。たしかに、ぼくたちの姿《すがた》はちっぽけでめだたないかもしれません。でも、よくみてください。けっこうかわいいでしょう?

著者《ちょしゃ》は野山《のやま》へいくと、よくぼくたちにカメラをむけてくれました。そんなとき、そばを通《とお》りかかった人《ひと》たちが、著者《ちょしゃ》に話《はな》しかけてきました。「虫《むし》でもいるんですか?」ぼくは、そんなことにはなれっこですから平気《へいき》ですが、著者《ちょしゃ》のかわいそうなこと。歯《は》ぎしりしてくやしがっていました。

ぼくたちコケのなかまには、みなさんがよろこんでくれるような話題《わだい》がないのでしょうか。著者《ちょしゃ》は、地面《じめん》にペタンとすわりこんで、ぼくたちをピンセットでつまみあげては、よくため息《いき》まじりに考《かんが》えこんでいました。はては、コケ学《がっ》会《かい》に入会《にゅうかい》して、学者《がくしゃ》からコケの話《はなし》を聞《き》きだそうとしたり、それは涙《なみだ》ぐましい努《ど》力《りょく》をしていました。

また、早《はや》く本《ほん》を出《だ》したいとあせる著者《ちょしゃ》を、編集者《へんしゅうしゃ》はグッとおさえつけて、「まだ科学《かがく》がない!」と、安易《あんい》な本《ほん》づくりを許《ゆる》しませんでした。

こうして、井上浩先生《いのうえひろしせんせい》をはじめとする多《おお》くのコケ学者《がくしゃ》や、ガンコな編集者《へんしゅうしゃ》のおかげで、やっとぼくたちの本《ほん》ができあがりました。著者《ちょしゃ》にかわってお礼《れい》を申《もう》し上《あ》げます。

(一九八一年五月)

NDC475
伊沢正名
科学のアルバム　植物 11
コケの世界

あかね書房 2022
54P　23×19cm

科学のアルバム

コケの世界

一九八一年五月初版
二〇〇五年 四 月新装版第 一 刷
二〇二二年一〇月新装版第一一刷
著者　伊沢正名
発行者　岡本光晴
発行所　株式会社 あかね書房
〒一〇一ー〇〇六五
東京都千代田区西神田三ー二ー一
電話〇三ー三二六三ー〇六四一（代表）
http://www.akaneshobo.co.jp
印刷所　株式会社 精興社
写植所　株式会社 田下フォト・タイプ
製本所　株式会社 難波製本

ISBN978-4-251-03371-0
定価は裏表紙に表示してあります。
落丁本・乱丁本はおとりかえいたします。

○表紙写真
・ヘチマゴケの仲間《なかま》
○裏表紙写真（上から）
・無性芽《むせいが》をつけたヒメジャゴケ
・ナガバチヂレゴケ
・ホソバオキナゴケのコケ庭《にわ》
○扉写真
・アズマゼニゴケ
○もくじ写真
・スギゴケのおすの花《はな》

科学のアルバム

全国学校図書館協議会選定図書・基本図書
サンケイ児童出版文化賞大賞受賞

虫

モンシロチョウ
アリの世界
カブトムシ
アカトンボの一生
セミの一生
アゲハチョウ
ミツバチのふしぎ
トノサマバッタ
クモのひみつ
カマキリのかんさつ
鳴く虫の世界
カイコ まゆからまゆまで
テントウムシ
クワガタムシ
ホタル 光のひみつ
高山チョウのくらし
昆虫のふしぎ 色と形のひみつ
ギフチョウ
水生昆虫のひみつ

植物

アサガオ たねからたねまで
食虫植物のひみつ
ヒマワリのかんさつ
イネの一生
高山植物の一年
サクラの一年
ヘチマのかんさつ
サボテンのふしぎ
キノコの世界
たねのゆくえ
コケの世界
ジャガイモ
植物は動いている
水草のひみつ
紅葉のふしぎ
ムギの一生
ドングリ
花の色のふしぎ

動物・鳥

カエルのたんじょう
カニのくらし
ツバメのくらし
サンゴ礁の世界
たまごのひみつ
カタツムリ
モリアオガエル
フクロウ
シカのくらし
カラスのくらし
ヘビとトカゲ
キツツキの森
森のキタキツネ
サケのたんじょう
コウモリ
ハヤブサの四季
カメのくらし
メダカのくらし
ヤマネのくらし
ヤドカリ

天文・地学

月をみよう
雲と天気
星の一生
きょうりゅう
太陽のふしぎ
星座をさがそう
惑星をみよう
しょうにゅうどう探検
雪の一生
火山は生きている
水 めぐる水のひみつ
塩 海からきた宝石
氷の世界
鉱物 地底からのたより
砂漠の世界
流れ星・隕石